堤防抢险从入门到精通

雷声 周王莹 万怡国 张洁 等 编著

中国水利水电出版社
www.waterpub.com.cn
·北京·

内容提要

本书致力于普及堤防工程的防汛抢险知识，内容包括防汛基础知识、险情定义及应对措施、巡堤查险流程以及现代防汛技术装备等，通过图文并茂的方式详细介绍了防汛抢险中常用的知识，并对两个运用综合措施应对险情的案例进行了深入分析。

本书可作为防汛工作人员迅速、直观掌握堤防抢险知识的参考资料，同时也可作为防汛工作的知识读本。

图书在版编目（CIP）数据

堤防抢险从入门到精通 / 雷声等编著. -- 北京：中国水利水电出版社，2025.5. -- ISBN 978-7-5226-3047-2

Ⅰ．TV871.3

中国国家版本馆CIP数据核字第2025K57J74号

书　　名	堤防抢险从入门到精通 DIFANG QIANGXIAN CONG RUMEN DAO JINGTONG
作　　者	雷声　周玉莹　万怡国　张洁 等 编著
出版发行	中国水利水电出版社 (北京市海淀区玉渊潭南路1号D座　100038) 网址：www.waterpub.com.cn E-mail: sales@mwr.gov.cn 电话：(010) 68545888（营销中心）
经　　售	北京科水图书销售有限公司 电话：(010) 68545874、63202643 全国各地新华书店和相关出版物销售网点
排　　版	北京金五环出版服务有限公司
印　　刷	清淞永业（天津）印刷有限公司
规　　格	170mm×210mm　16开本　3印张　30千字
版　　次	2025年5月第1版　2025年5月第1次印刷
印　　数	001—800册
定　　价	28.00元

凡购买我社图书，如有缺页、倒页、脱页的，本社营销中心负责调换
版权所有·侵权必究

前言
PREFACE

　　人类的发展史，实则是一部与水患抗争的治水史。人类文明的发源与河流紧密相连，与水的斗争也是持续不断。中国，作为全球洪涝灾害频发的国家之一，其人口与财富的半数以上聚集于江河流域，极易遭受洪涝灾害的侵袭。近年来，全球气候变化导致极端天气事件频繁发生，暴雨与洪水灾害的突发性、极端性以及异常性越发显著，流域发生大洪水的可能性也大幅增加，这无疑对洪水的预防与治理提出了更为严苛的要求。在"民生至上，治水为要"的理念指导下，人类不断汲取经验、积极探寻，从最初的筑坝拦河到现代高科技的防洪技术，每一次技术进步都象征着人类对自然力量理解的深化与控制能力的增强。堤防工程作为防御洪水常见且有效的工程手段，是人类最早用于抵御洪水、确保人民生命财产安全的措施。经过长期不懈的建设，中国已基本构建起覆盖全国大中小河流的堤防工程体系。截至2022年年底，全国共建成5级及以上各类堤防33.06万千米，有效保护了6.82亿人口和6.29亿亩耕地。

　　在与洪水的持久抗争中，人们在险情处理、巡堤查险等领域积累了丰富的防洪经验，并研发出众多新型实用且便携的装备设施。本书从防汛基础知识、险情处理、巡堤查险及技术装备四个维度，采用图文并茂的形式、理论与实践相结合，对堤防抢险知识进行总结提炼，编写成了易于理解的科普读物，旨在帮助关心和参与防汛工作的人员迅速、直观地掌握常见险情及其处置方法，为险情的快速识别和精准处置提供参考。

本书共四章，第一章阐述了防汛的基础知识；第二章介绍了堤防各类常见险情的概念、成险原理、处置方法及案例；第三章介绍了巡堤查险的"46553"口诀；第四章介绍了当前防汛的新型技术装备。本书第一章由周王莹、张洁、刘小平撰写；第二章由雷声、周王莹、万怡国、张洁、吴宇飞、邓升撰写；第三章由雷声、周王莹、张洁、卢江海撰写；第四章由周王莹、万怡国、蔡梦丽、王晚秋撰写。

本书的编写得到了江西省水利厅、江西省水利科学院的鼎力支持，以及众多专家的指导和帮助，在此表示衷心的感谢！此外，本书获得了江西省水利科技项目（202124ZDKT30）、江西省技术创新引导类计划项目（20223AEI91008）、水利部重大科技项目（SKS-2022010）等课题的资助。

堤防工程防汛抢险技术内容广泛且发展迅速，受限于篇幅和作者水平，书中难免存在疏漏和不当之处，恳请读者批评指正。

编者

2024 年 10 月

目录
CONTENTS

- 前言

- 第一章 出发，那些高深莫测的专业术语 … 01

- 第二章 开工，那些险象环生的常见险情 … 07

- 第三章 牢记，那些巡堤查险的兵书宝典 … 31

- 第四章 升级，那些火力十足的技术装备 … 37

降雨量

　　降雨量指从天空降落到地面上的雨水,未经蒸发、渗透、流失而在水面上积聚的水层深度,一般以毫米为单位,它可以直观地表示降雨的多少。通常说的小雨、中雨、大雨、暴雨等,一般以日降雨量衡量。

降雨量等级表

单位：mm

等级	小雨	中雨	大雨	暴雨	大暴雨	特大暴雨
24小时的降水量	小于10	10~25	25~50	50~100	100~250	大于250

洪峰流量

　　当发生暴雨或融雪时,在流域各处所形成的径流都依其远近先后汇入河槽,这时河水流量开始增加,水位相应上涨。随着汇入河网的径流从上游向下游汇集,河水流量继续增大,当流域大部分高强度的径流汇入时,河水流量增至最大值,称此时的流量为洪峰流量,单位为立方米每秒。

洪水

洪水是由暴雨、急骤融冰化雪、风暴潮等自然因素引起的江、河、湖、海水量迅速增加或水位迅猛上涨的水流现象。

洪水等级

我国衡量洪水等级是以水文要素的重现期为标准，把洪水划分为 4 个等级。洪水的等级标准为：重现期 5~10 年的洪水，为一般洪水；重现期 10~20 年的洪水，为较大洪水；重现期 20~50 年的洪水，为大洪水；重现期超过 50 年的洪水，为特大洪水。

洪水重现期：指某一特定规模的洪水事件发生的平均时间间隔，通常用年数表示。

堤防特征水位示意图

设防水位：指汛期河道堤防已经开始进入防汛阶段的水位。

警戒水位：堤防工程临水到一定深度，可能出现险情需加以警惕戒备的水位，是根据堤防质量、保护重点以及历年险情分析规定的。

保证水位：堤防工程所能保证自身安全运行的水位，也是根据江河堤防情况规定的防汛安全上限水位。

堤防工程

堤防工程是沿河流、湖泊、海洋的岸边或蓄滞洪区、水库库区的周边修筑的挡水建筑物。

蓄滞洪区

蓄滞洪区是指河堤背水面以外临时贮存洪水和分泄洪峰的湖泊洼地，历史上也大多为江河洪水天然的滞蓄场所，包括行洪区、分洪区、蓄洪区和滞洪区。

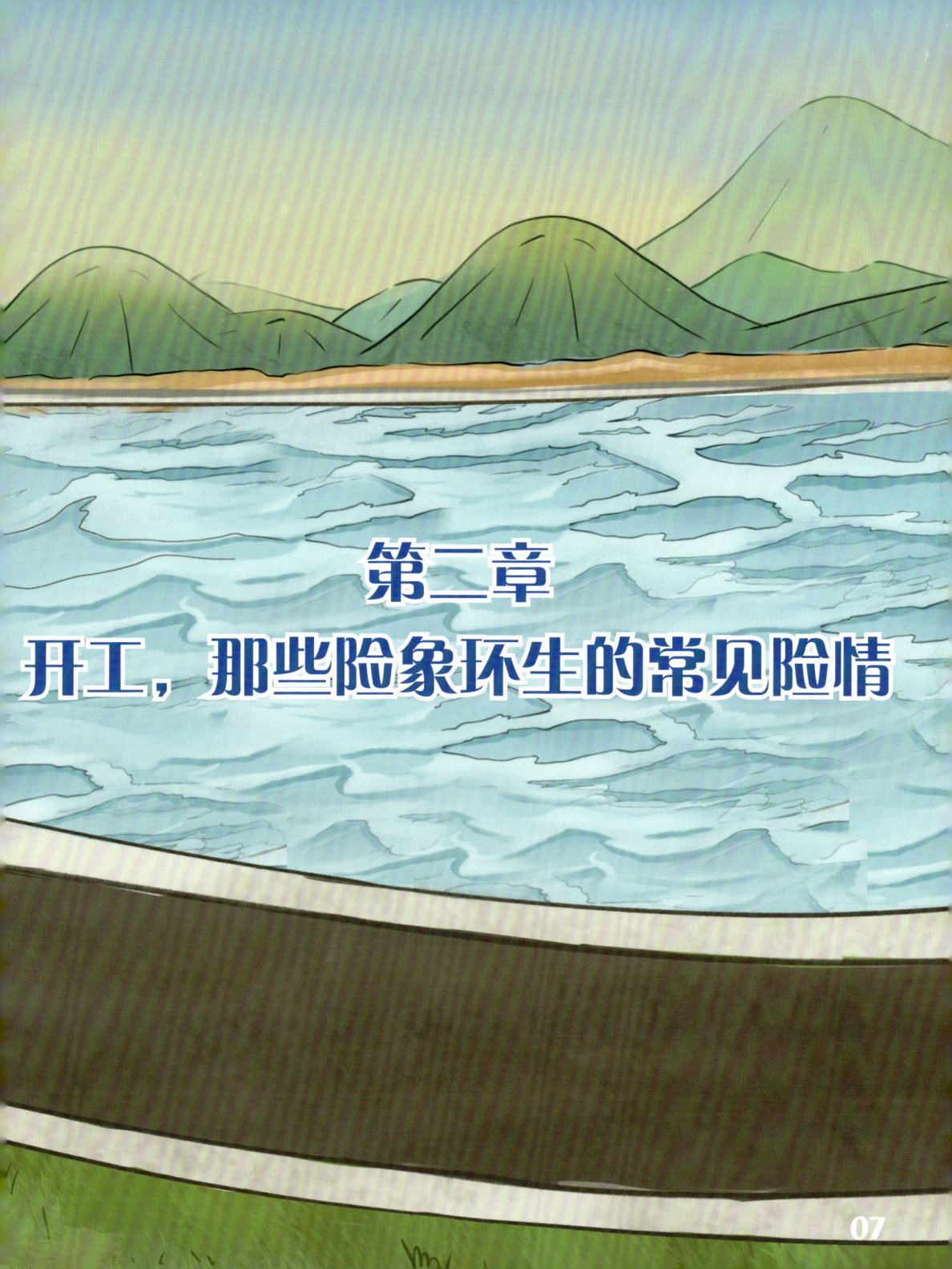

散浸

外水位上涨后，堤身浸润线升高，堤内坡脚附近出现渗水的现象称为散浸，俗称"堤出汗"，表象为堤脚土壤潮湿、发软并有水渗出。

渗出线

抢险口诀

散浸险小莫大意，及时开沟才给力；
反滤措施做到位，险情消除无忧虑。

反滤导渗沟

在散浸区开挖导渗沟，沟内铺设反滤料，使渗水集中排出。导渗沟一般开挖成Y形，纵向主沟间距5~8米，沟深0.3~0.6米，宽0.3~0.5米，末端与堤坝脚排水沟连通。

卵石 — 小碎石 — 粗砂

反滤：土质堤坝发生渗流时，防止土粒不被水带走但水能顺畅流过的工程措施称为反滤。反滤是堤坝抢险中的常用方法，处置散浸、漏洞、管涌以及跌窝等险情效果明显。

反滤层：布设在出水部位由细到粗的反滤料称为反滤层。一般为三层：先铺设粗砂20厘米，再铺设小碎石20厘米，最后铺设较大的卵石、碎石等，具体厚度视实际情况而定。在处置管涌等险情时，如遇水势很大，可以先用粗骨料，甚至袋装卵石、碎石等"消杀"水势，再分层布设反滤料。

管涌

在水的压力下，土质堤身、堤基的土壤颗粒因渗流而被带走的现象称为管涌，俗称"泡泉""翻砂鼓水"。管涌是土质堤防最常见的险情，一般出现在堤内坡脚附近，尤其是塘沟、稻田、人工水井、腐殖土层等薄弱的地方。

黏土封堵

当管涌险情严重时，如漏水量大甚至迎水面出现漩涡时，可在出险点的迎水面倾倒黏土进行封堵。

险情原理图

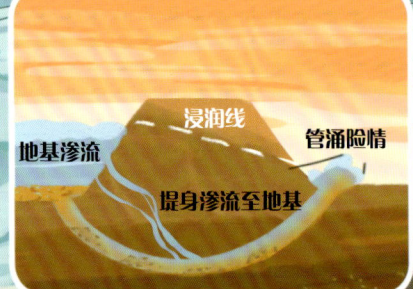

浸润线　管涌险情　地基渗流　堤身渗流至地基

反滤压浸

当管涌数目多、范围较大且均为一般险情时，可采用先细后粗的砂卵石分层压盖反滤应急抢护，处置后定期观察险情变化。对于险情一般的单点管涌，可压盖反滤料并做好导渗。

抢险口诀

发生管涌切莫慌，压浸围井皆良方；
若是管涌在渠塘，蓄水反压来帮忙。

漏洞

渗水经堤身的贯穿性通道从背水坡流出的现象称为漏洞，表象为渗水集中、水量较大。如果漏洞出浑水，或由清变浑，或时清时浑，说明漏洞正在迅速发展扩大，堤身有可能发生塌陷，存在溃决的危险。

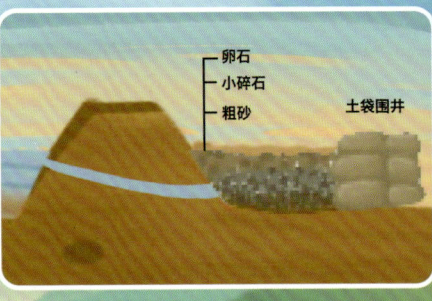

无论是否找到漏洞进口位置，均须在背水坡出口抢筑反滤围井。

险情原理图

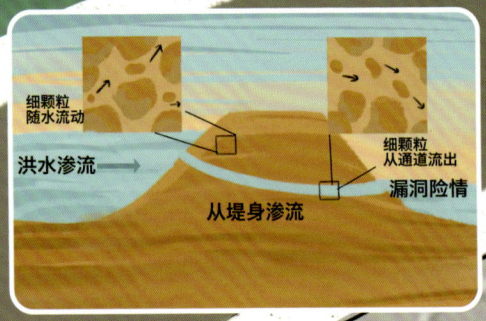

出现漏洞险情时，一般在迎水面抛填黏土封堵，背水面出水口修筑反滤围井，处置时一般两种措施同时使用。如在迎水面能通过漩涡找到漏洞进口位置，可先利用软楔、棉絮、草捆提前塞堵。

抢险口诀

浑水漏洞险情急，谨慎治理方可行；
漏洞进口抛黏土，出口围井御强敌。

滑坡

　　滑坡是指土质堤坝边坡失稳而发生滑动的现象。滑坡可发生在临水坡或背水坡，按危害程度可分为深层滑坡和浅层滑坡。前者滑动体较大，多呈圆弧形，滑动时坡脚附近土体推挤外移、隆起；后者滑动范围较小，滑裂面较浅。

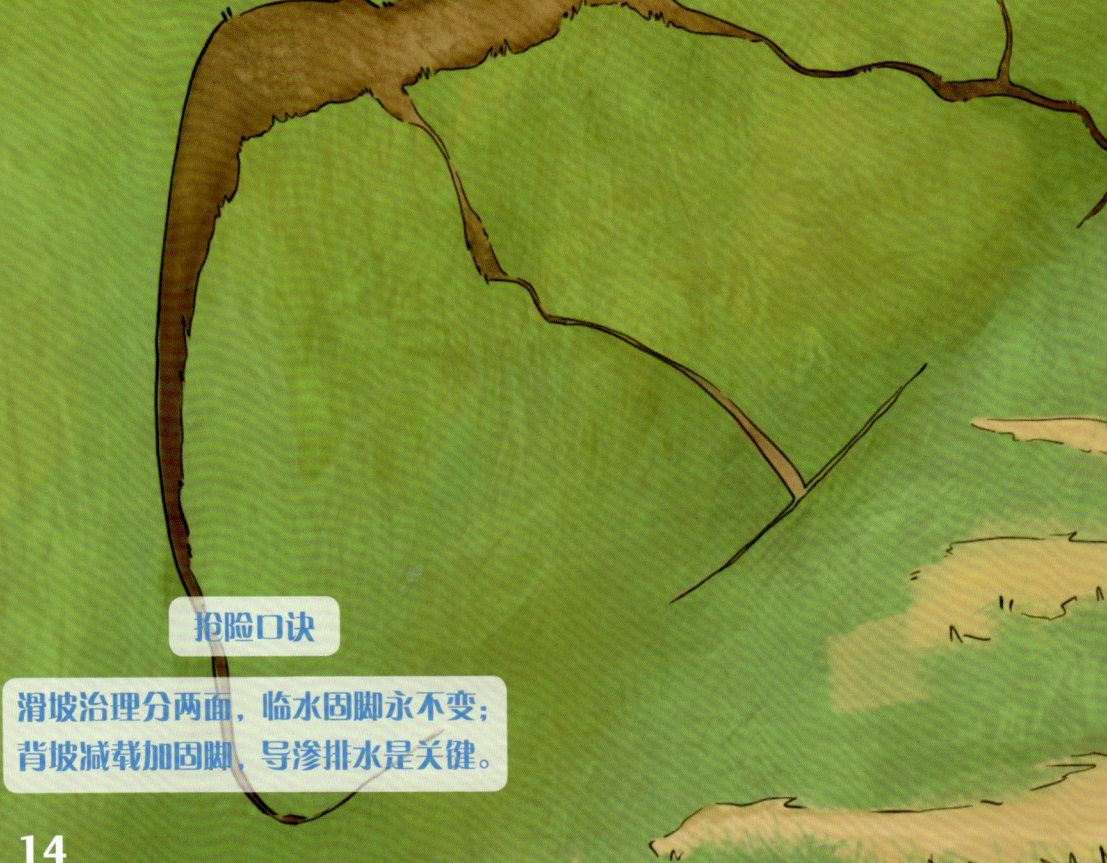

抢险口诀

滑坡治理分两面，临水固脚永不变；
背坡减载加固脚，导渗排水是关键。

临水坡滑坡

"上部削坡,下部固坡",先固脚、后削坡是常见措施。在堤顶或船上人工沿滑坡坡脚抛投块石、编织袋装土形成戗台挡墙,再向内抛填土石料。对于水深流急的地段,可直接抛填块石或铅丝石笼进行堤脚压重。

背水坡滑坡

一般采取堤脚导渗、下部加载和上部减载等措施:一是在堤脚开挖导渗沟,导出堤身内的积水;二是在堤脚用土袋、砂石袋顺垂直堤身方向筑支撑,阻止滑坡体滑动;三是将砂石袋、块石、铅丝石笼等重物堆放在堤脚,阻止滑坡体滑动;四是移走滑动面上部和堤顶的重物,并削缓陡坡,减少堤身上部的重量。

崩岸

崩岸一般发生在临水坡，因水流长期冲刷堤脚造成堤坡失稳坍塌。崩岸险情的发生往往比较突然，事先较难判断，它不仅常发生在汛期的涨水期、落水期，在枯水季节也时有发生。

先对崩塌岸坡进行清理，再抛投土袋、块石等防冲物；当崩岸处水深且流速度大时，可将块石装入铅丝笼、竹条笼再进行抛投。抛投从崩塌严重部位开始，依次向两边展开，抛至岸坡稳定时为止。

险情剖面图

抢险口诀

崩岸险情应警惕，任其发展极不利；
抛石固脚需先行，削坡减载要牢记。

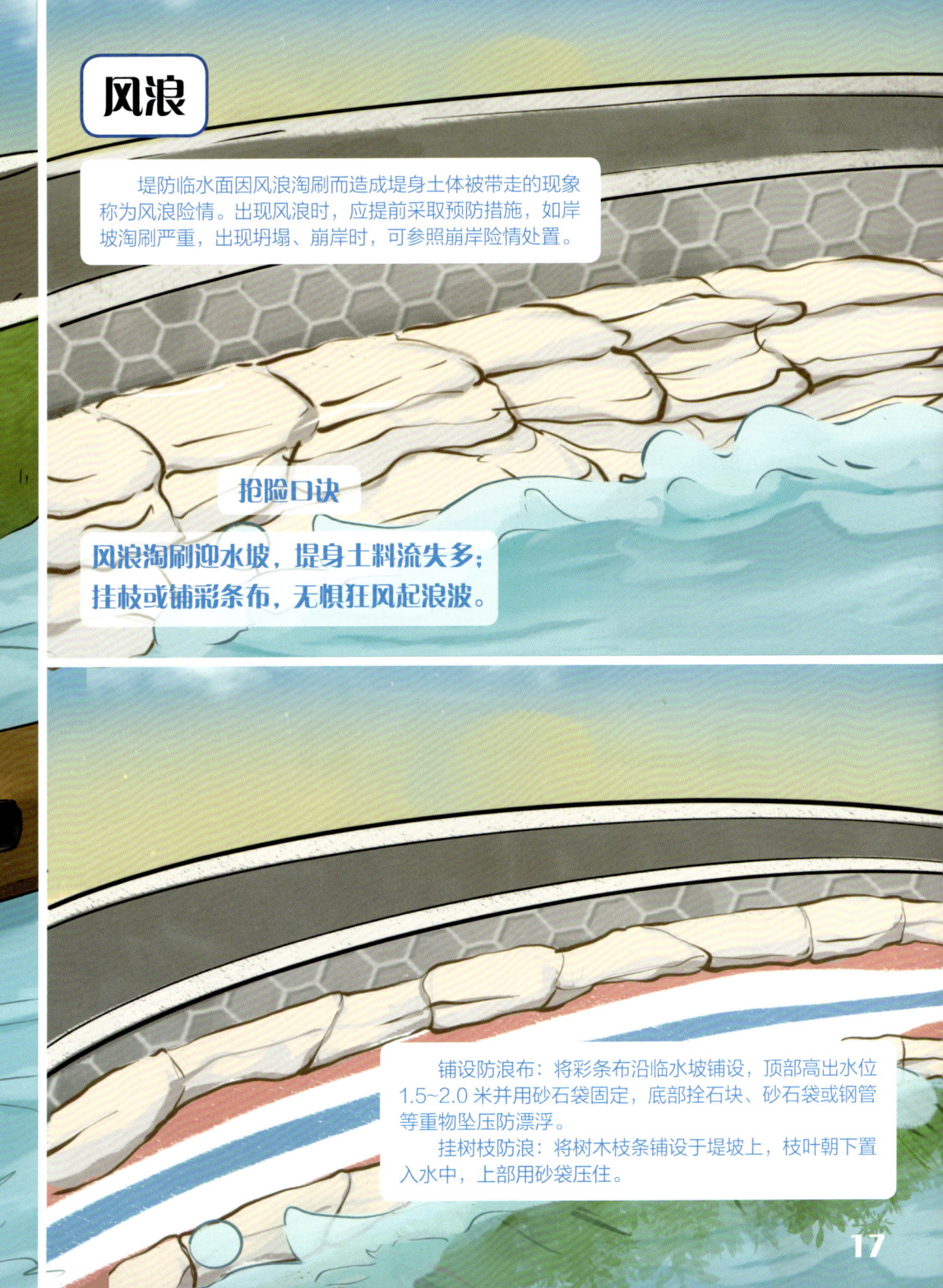

跌窝

跌窝是指汛期土质堤坝含水量升高，土体会变得松软，因鼠、蚁等洞穴或堤身填筑料有空隙等原因发生局部塌陷的现象。跌窝有的口大底浅、呈盆形，有的口小底深、呈井形。

抢险口诀

跌窝位置查清楚，临水一侧填黏土；
跌窝回填应压实，背水反滤才靠谱。

填筑滤料

当跌窝发生在背水坡，且伴随出现渗水或漏洞险情时，在截堵临水坡渗漏通道的同时，在背水坡将跌窝内的松土或湿软土清除，然后用粗砂填实形成反滤。

裂缝

　　裂缝是指堤坝受堤身变形、基础不均匀沉降等因素影响，表面或内部出现裂开的现象，常见的有垂直堤身的横缝、顺向堤身的纵缝和不规则的龟纹裂缝等。裂缝往往是滑坡等其他险情的征兆，特别是横向裂缝会导致坝身渗透破坏，带来更严重的后果。

纵缝

横缝

抢险口诀

裂缝家族兄弟多，横缝纵缝最难磨；
横墙隔断擒横缝，纵缝应防堤滑坡。

横墙隔断法

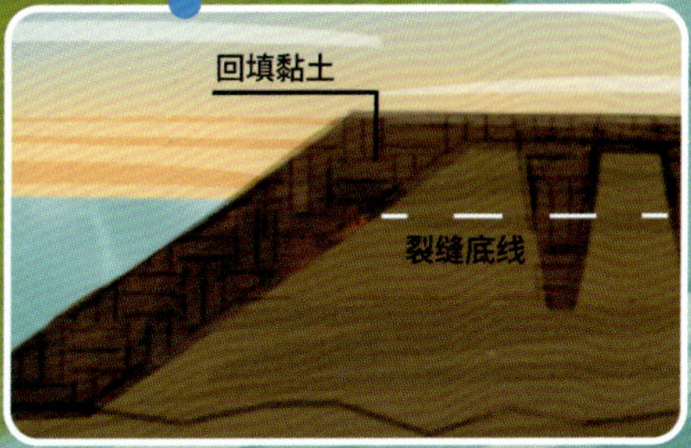

适用于横向裂缝抢险。先沿裂缝方向开挖沟槽，再隔 3~5 米开挖一条和裂缝垂直的横向沟槽，沟槽内用黏土分层回填夯实。如裂缝已与外水相通，开挖沟槽前，必须在迎水面采用抛填黏土等方法截渗。

封堵缝口法

适用于宽度小于 1 厘米、深度小于 1 米，不会进一步发展的纵向裂缝和不规则纵横交错的龟纹裂缝。先用干而细的沙壤土灌入缝口，并用木条捣实，再沿裂缝做宽 5~10 厘米、高 3~5 厘米的小土埂压住缝口，以防雨水浸入。对于正在发展的纵向裂缝，除采取前面的措施之外，参照滑坡险情的背水坡处置方法，在堤身上部减压、堤脚增加重物或土撑、开挖导渗沟等方法处置。

漫溢

洪水漫出堤坝顶部的现象，称为漫溢。对土堤而言，一旦发生漫溢，如果抢救不及时，极易造成溃决。

抢险口诀

漫溢实属大险情，加筑子堤不可停；
子堤加高应同步，阻断洪魔出逃路。

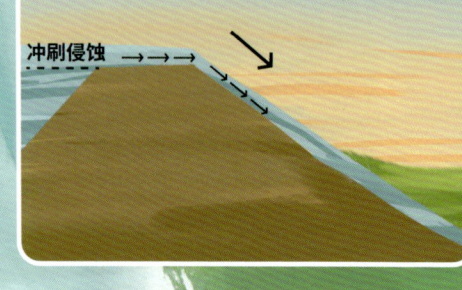

抢筑土袋子堤

当预测水位继续上涨时，清除堤顶接触面杂物，在堤顶临水面侧的堤肩0.5~1.0米处全段提前抢筑土袋子堤。土袋抢筑要逐层向内收缩、上下错开、相互搭接、压实踩紧。子堤临水面侧必须铺设彩条布防渗。

子堤压彩条布并将彩条布拉起压在最上层土袋

草袋或编织袋，袋口向内错缝搭接，用脚踩紧

>0.5m　　>1m

闸（站）出险

因堤防上下游水位差或上游水压力、风浪冲击力、扬压力增大等原因，出现闸（站）的闸门止水处渗漏、闸（站）与坝体接触部位渗漏或闸（站）发生移动而失稳等现象。闸（站）险情处置时，要根据出险原因采取针对性措施。

闸（站）失稳

一般在闸墩和可能出现的滑动面下端部位，堆放块石、砂袋或钢铁等重物以增加摩阻力，防止水闸滑动。闸墩堆重加载不得超过地基承载力，险情解除后应及时卸载并加固处理。

闸门止水渗漏

若无法通过潜水员摸排等方式找到漏水点封堵,可在闸门前室用砂石袋挡墙+黏土袋填实分层、错层处置。

接触渗漏

可参照管涌险情,因地制宜地采取反滤围井等处置方式。

典型案例

鄱阳湖某万亩圩堤高水头管涌群险情

　　2024年7月3日上午，受鄱阳湖水位快速上涨的影响，滨湖某单退圩堤背水坡附近水塘出现一处管涌险情，距堤脚约20米。险情经初步处置后仍快速发展并迅速恶化，出水量大，水势凶猛且挟带大量泥沙。调用挖机反滤压盖处置后，险情向周边发展形成管涌群，之后堤身出现变形，堤顶局部下沉，路面出现长条裂缝，严重危及大堤安全。现场人员根据险情发展，综合应用黏土堵渗、卵石压脚、分级反压（滤）等"堵、压、滤、排"技术，6天后险情解除。该案例具有较好的借鉴意义。

堵 迎水面抛填黏土可培厚断面，封堵渗水口；抛填前坡面铺设彩条布，防止高位渗漏。

压 在背水坡脚铺盖自重大、透水性强的砾卵石，压脚固坡，使渗水快速排出。同时在反滤围井下方外围修筑"养水盆"，分级蓄水反压。

滤 持续在反滤围井内补填反滤料，形成不同级配的反滤层，有效地防止沙土被带走，避免堤身失稳。

排 砂石反滤料透水性强，使渗水快速排出，降低堤身浸润线，避免堤身软化失稳。

典型案例

淮河流域某涵闸险情处置

2020年7月26日，淮河流域姜唐湖蓄洪区一涵闸因闸门破损，洪水大量外溢涌入堤后，进水流量约为40立方米每秒，并在堤后约40米处形成直径约10米的翻滚水流区，内外水头差接近8米。闸涵洞长55.2米，孔口尺寸2米×2.2米。现场人员立即组织区内群众转移，并采取封堵涵闸出水口、构筑"养水盆"、填筑月牙堤等应急处置措施。经过持续6天的紧急抢险后，涵闸彻底封堵，险情成功解除。该险情处置入选当年全国十大应急救援典型案例。

填筑"月牙堤"

在闸前迎水面填筑"月牙堤"，堤内填实黏土，形成"半岛"将漏水涵闸包裹，防止闸门渗漏。

第三章
牢记,那些巡堤查险的兵书宝典

"四必须"

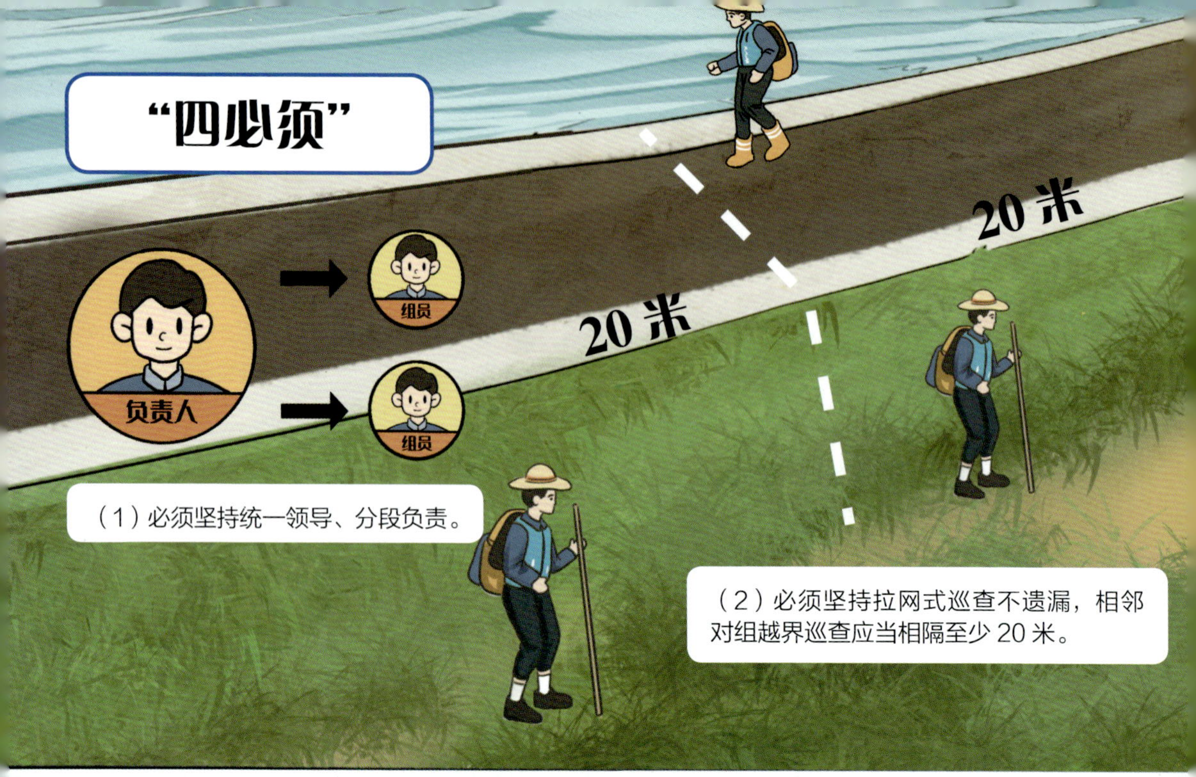

（1）必须坚持统一领导、分段负责。

（2）必须坚持拉网式巡查不遗漏，相邻对组越界巡查应当相隔至少20米。

"六注意"

（2）注意吃饭时。

（3）注意换班时。

（1）注意黎明时。

"五到"

1. 眼到

看堤顶堤坡、河岸堤脚水清水浊、水泡水波。

2. 手到

捏土块、试水温、摸隐患。

拨开查看

3. 耳到

听流水、闻浪击、辨异声。

异响

4. 脚到

探软硬、试虚实、感水温。

探虚实

5. 工具到

铁锹、木棍、探水杆

第四章
升级，那些火力十足的技术装备

"遥控器"——无人机+无人船

搭载了声学多普勒流速剖面仪的无人船可通过往返测验断面快速生成被测断面的水深、流速等数据,而无人机测流系统则无须人员或设备直接接触水面即可迅速获取决口水位、流速等关键数据。

"喷射机"——喷水组合式防汛抢险舟

抢险舟便携轻巧、速度快、使用简单,在洪涝灾害中抢险舟可快速抵达被困人员身边展开施救,也可用于运送物资。喷水组合式防汛抢险舟通过除污耙齿可有效解决喷水推进装置舟进水口容易堵塞的自身缺陷,更加适用于防汛应急抢险工作。

"巨无霸"——土工包

按设计尺寸缝制出开口的土工袋,铺放在开体船(开底或对开式驳船)舱内,用挖泥船或其他机械方法将淤沙充填到袋内,然后缝合袋口成土工包。土工包的体积为 100~1000 立方米。

"两栖动物"——水陆两栖冲锋舟

水陆两栖冲锋舟综合了水陆两栖车和冲锋舟的特点，既具有车与船的双重性能，又具有在水中航速快、体积小、操作灵活简便、便于运输等特点。

"极速拼接"——舟桥

舟桥又称浮桥，通常用在紧急或非正常状态时，快速架设通载浮桥，保障重型装备和车辆迅速克服中小型江河、湖泊等障碍。相应装备可根据应用需求进行标准化单元设计，现场拼装快速，互换性能强，可满足各种载荷，浮箱可多次重复使用，适用水域环境广。

"吸水龙"——大功率应急排水泵

排量大，能通过大直径固体颗粒物，且移动方便、安装便捷、响应快速等。

"传感器"——电波流速仪

电波流速仪采用无接触测流，不受含沙量、漂浮物影响，具有操作安全、测量时间短、速度快等优点，非常适合溃口流速监测要求。

"CT"机——数字测深仪

数字测深仪是采用声波反射原理来测量水深，其特点是高效、准确。

"扫描机"——红外热像仪

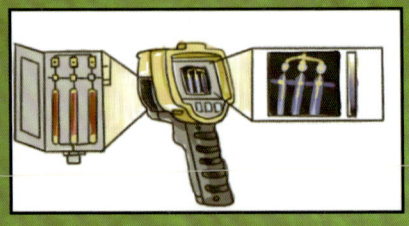

红外热像仪通过获得红外热像图，帮助操作人员进行目标物体的探测，了解目标物体的具体参数信息。无人机搭载红外热像仪可在堤段连续拍摄地表温度分布图像，发现异常点，从而确定险情位置。

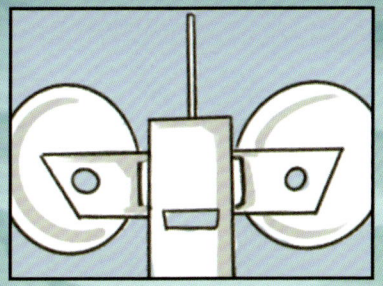

"电子眼"——全极化测雨雷达

全极化测雨雷达能够探测降水类型及粒子大小、单位体积粒子数及介电常数,识别降水及云中水凝物粒子相态等。

"连发机关枪"——装配式防洪子堤连锁袋

采用高强不透水的聚酯材料机织有纺类基材缝制成立方体型袋,表面开口,内部由实木框架支撑。连锁袋每个单元外观为立方体,长、宽、高均为1米和1.2米两种尺寸,每三个、五个或十个连锁袋为一个装配单元组,挡水深度分别为0.8米和1米。

"磁共振"——高密度电法测定仪

通过在地面沿测线布置点电源,通电后大地产生地电场,根据地表与不同距离电位分布相关范围地电特征的反映,供电电极位置的不断改变,形成电位分布,达到不同深度的探测。高密度电法测定仪能快速、准确地探测出堤身渗漏通道位置及范围,以达到增强抢险工作的针对性、缩小处理范围、加快险情处置、节约处理成本的效果。